城市景观细部元素2000例
Urban Landscape Details 2000
URBAN NEW SIGN
董学君 董晓明 / 编　城市新标识

大连理工大学出版社

图书在版编目 (CIP) 数据

城市新标识 / 董学君 , 董晓明编 . —大连 : 大连
理工大学出版社 , 2014.1
（城市景观细部元素 2000 例）
ISBN 978-7-5611-8334-2

Ⅰ . ①城… Ⅱ . ①董… ②董… Ⅲ . ①城市景观 – 景
观设计 – 图集 Ⅳ . ① TU-856

中国版本图书馆 CIP 数据核字 (2013) 第 282715 号

出版发行：大连理工大学出版社
　　　　　（地址：大连市软件园路 80 号 邮编：116023）
印　　　刷：利丰雅高印刷（深圳）有限公司
幅面尺寸：210mm×285mm
印　　张：15
出版时间：2014 年 1 月第 1 版
印刷时间：2014 年 1 月第 1 次印刷
策划编辑：袁　斌　刘　蓉
责任编辑：刘　蓉
责任校对：王丹丹
封面设计：四季设计

ISBN 978-7-5611-8334-2
定　　价：98.00 元（含光盘）

电话：0411-84708842
传真：0411-84701466
邮购：0411-84703636
E–mail:designbookdutp@gmail.com
URL:http://www.dutp.cn

如有质量问题请联系出版中心：（0411）84709246 84709043

前　言

今天，成为世界第二大经济实体的中国，到处都是繁忙的建设工地。一座座新城如雨后春笋般拔地而起，各式建筑在中国这块有着五千多年历史的土地上，如世界建筑博物馆般展现在我们面前，创造着人类历史新的文明印记。

人们无论去哪里，都离不开标识的引导，离不开展示标识的确认和介绍。我们虽然有五千多年文明的历史，但步入一个更加现代的社会，还是有很多值得向发达国家学习和借鉴的东西，总结我们已有的最好的设计，也是最好的学习过程。本书所介绍的内容大多是国内一代代优秀标识设计师不断学习、创新的杰作，今天编者把这些几乎是全国最新最好的优秀设计作品的实景照片编辑成册，在方便阅读的同时，也希望为设计师在未来的设计和创作中提供参考，使其不断地推陈出新，设计出更多、更好、更受人们喜爱的新标识作品。

为了拍摄编写本丛书所需的图片，笔者历经数万公里，几乎走遍了全国的省会城市、地级以上的城市、著名的旅游城市和沿海开放城市，参观了近几年的国内国际博览会等。在照片拍摄过程中，能亲眼看到那些让人眼前一亮并为之振奋的优秀作品，是一件令人高兴的事。在这里，向那些设计并创作出优秀的景观标识的艺术家们致敬。

要想设计出好的标识作品，首先要明确标识设计的目的和主要作用，注意造型、体量和色彩搭配、摆放位置、方向和高度等；其次是一定要注意标识制作材料的选择，不一定是最贵的材料就好，但一定要根据当地的特有条件选择材料，制作工艺和辅助材料一定要采用最新的。一般来说，放置标识的地方都是人员聚集的地方，标识又是直接为人们服务的，所以一定要考虑安全因素。关于标识的造型问题，编者认为主要应该醒目，可以不拘形式，百花齐放，但除了要表现出所要体现的直接目的外，也要对所处位置起到更好的装饰作用。当然，有些特定的标识，一定要按照国家有关规范设计，但精度和表面质量，必须是设计师所能达到的最高标准。

在此，向那些为编辑本系列丛书，提供文字和图片帮助的朋友以及参与本书出版工作的出版社编辑人员表示感谢。

编者
2014年1月

Contents 目 录

城市景观细部元素**2000**例
城市新标识

导示标识

　　导示标识可以说是最常见的一类标识，这类标识的作用很简单，也很重要，它帮助人们熟悉一个区域内的道路、公共设施、建筑等等，还能给人们指示方向，它出现在路边、商场、医院、写字楼、社区等诸多地方，总之，无论是在一个陌生的城市还是熟悉的城市，人们都离不开导示标识的帮助，所以这类标识的设计也就尤为重要——它不但要美观，更重要的是准确实用。

　　可以说，城市标识的出现，象征着城市文明达到了一个新的高度，而导示标识可以看做是最早出现的城市标识。城市文明发展到今天，方方面面的变化可谓日新月异，导示标识也是如此，无论从设计、制作还是功能上，都发生了很多变化。如今的导示标识，在保证其功能的同时，越来越注重外观的视觉效果，制作材料也十分广泛，可以说导示标识一直伴随着城市文明发展的脚步，一步步走到今天。只要有城市的地方，就一定有导示标识的存在，人们差不多通过看城市标识，就可以看出这个城市的文化和文明。导示标识已经成为城市的一部分，不但为我们指明方向，同时也给城市文明注入新的血液。

长春｜伪满皇宫

长春｜伪满皇宫

长春｜伪满皇宫

长春｜伪满皇宫

长春

长春

长春

长春

长春

松原｜查干湖

松原｜查干湖

松原

松原

吉林

吉林

武汉｜汉口江滩

武汉｜汉口江滩

石家庄

石家庄

吉林

吉林

吉林

长沙｜岳麓山公园

长沙｜岳麓山公园

长沙 | 橘子洲

张家界 | 天门山

张家界 | 天门山

张家界 | 天门山

张家界

张家界

张家界

武汉 | 晴川阁

武汉 | 黄鹤楼

武汉

武汉

哈尔滨 | 中央大街

石家庄

石家庄

哈尔滨 | 中央大街

哈尔滨 | 太阳岛公园

哈尔滨 | 太阳岛公园

哈尔滨 | 太阳岛公园

哈尔滨｜太阳岛公园

哈尔滨｜太阳岛公园

哈尔滨

郑州｜机场

郑州｜机场

郑州

郑州

洛阳｜牡丹园

洛阳｜龙门石窟

洛阳 | 龙门石窟

河南 | 林州红旗渠

石家庄

开封

开封

河南 | 巩义康百万庄园

哈尔滨

河南 | 登封嵩阳书院

河南 | 登封少林寺

河南 | 登封少林寺

河南 | 登封少林寺

河南 | 登封少林寺

河南 | 安阳殷墟

河南 | 安阳殷墟

河南 | 安阳殷墟

河南 | 安阳殷墟

河南 | 安阳殷墟

河南 | 安阳文字博物馆

河南 | 安阳天宁寺

河南 | 安阳天宁寺

石家庄

石家庄

石家庄

石家庄

三亚 | 鹿回头景区

海南 | 国际旅游岛

贵州 | 西江千户苗寨

贵州｜西江千户苗寨

贵州｜黄果树天星桥景区

贵州｜黄果树天星桥景区

贵州｜黄果树陡坡塘瀑布

贵阳

贵阳

贵阳

南宁

南宁

南宁

南宁

南宁

南宁

南宁

南宁

南宁

南宁

广西 | 北海银滩风景区

广西│北海银滩风景区

珠海

广东│中山岐江公园

深圳│世界之窗

深圳│世界之窗

深圳│罗湖口岸

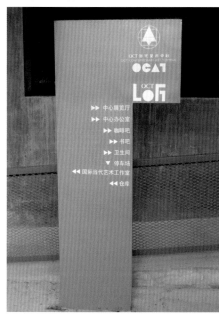

深圳

深圳

深圳

深圳

深圳

深圳

深圳

深圳

深圳

深圳

深圳

深圳

深圳

深圳

深圳

深圳

深圳

深圳

广州 | 越秀公园

广州 | 国际会展中心

广州 | 国际会展中心

广州｜国际会展中心

广州｜北京路步行街

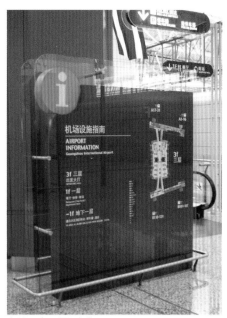

广州｜白云国际机场

广州｜白云国际机场

广州

广州

广州

广州

广州

广州

广州

广州

广州

广州

广州

广州

广州

广州

广州

广州

广州

广州

广州

广州

广州

广州

广州

广州

广州

广州

广州

东莞│市政广场

兰州

敦煌│鸣沙山

敦煌

敦煌

敦煌

厦门 | 国际会议中心

厦门 | 中山公园

福建 | 永定土楼

厦门 | 国际会议中心

厦门 | 鼓浪屿

厦门 | 鼓浪屿

厦门 | 国际会议中心

厦门

福州｜火车站

北京｜中华世纪坛

北京｜中华世纪坛

北京｜中关村

北京｜中关村

北京｜中关村

北京｜长安街

北京｜西单

北京｜王府井

北京 | 王府井

北京 | 王府井

北京 | 天文馆

北京 | 天文馆

北京 | 天文馆

北京 | 天文馆

北京 | 天文馆

北京 | 首都博物馆

北京 | 首都博物馆

北京 | 首都博物馆

北京 | 首都博物馆

北京 | 首都博物馆

北京 | 军事博物馆

北京 | 国贸商城

北京 | 国贸商城

北京 | 国家大剧院

北京 | 国家大剧院

北京 | 国家大剧院

北京 | 郭沫若故居

北京 | 故宫

北京 | 故宫

北京 | 故宫

北京 | 恭王府

北京 | 恭王府

北京 | 恭王府

北京 | 恭王府

北京 | 恭王府

北京｜恭王府

北京｜雕塑公园

北京｜北海公园

北京｜北海公园

北京

北京

北京

北京

北京

北京

北京

北京

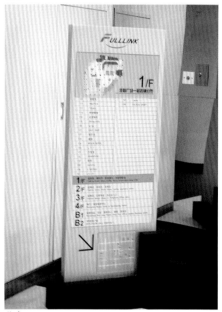

北京

北京

北京

北京

北京

北京

北京

北京

北京

北京

北京

北京

北京

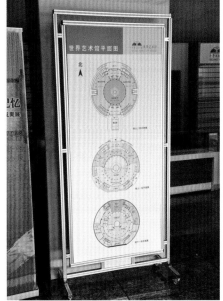

北京

北京

北京

北京

北京

北京

北京

北京

北京

北京

北京

北京

北京

北京

北京

北京

北京

北京

北京

北京

北京

北京

北京

北京

北京

北京

北京

北京

北京

北京

北京

北京

北京

北京

北京

北京

北京

北京

北京

北京

北京

北京

北京

北京

北京

北京

北京

北京

北京

北京

北京

北京

北京

澳门

澳门

澳门

澳门

澳门

澳门

安徽 | 西递村

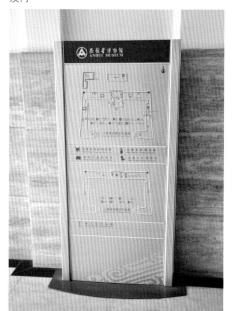

安徽 | 博物馆

安徽 | 博物馆

合肥 | 逍遥津公园

合肥 | 逍遥津公园

合肥 | 逍遥津公园

合肥 | 逍遥津公园

合肥 | 李鸿章故居

合肥 | 李鸿章故居

合肥 | 开发区

合肥 | 徽园

合肥 | 徽园

合肥 | 包公园

合肥 | 包公祠

合肥

珠海

重庆

重庆

重庆

重庆

重庆

重庆

浙江｜西塘

浙江│西塘

浙江│西塘

绍兴│沈园

绍兴│鲁迅故居

绍兴│鲁迅故居

浙江│衢州烂柯山

宁波│天一广场

宁波│天一广场

宁波│老外滩景区

杭州 | 西湖

杭州 | 西湖

杭州 | 西湖

杭州

杭州

宁波 | 老外滩

杭州

杭州 | 御街

杭州 | 御街

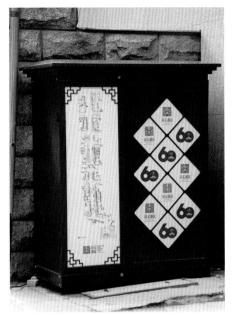

杭州│御街

杭州│西湖

杭州│西湖

杭州│西湖

杭州│西湖

杭州│西湖

杭州│西湖

杭州│西湖

杭州│西湖

杭州 | 清河坊步行街

杭州 | 灵隐寺

杭州 | 灵隐寺

杭州 | 九溪景区

杭州 | 九溪景区

杭州 | 胡雪岩故居

杭州

杭州

杭州

杭州

杭州

杭州

西双版纳

西双版纳

西双版纳

西双版纳

西双版纳

西双版纳

西双版纳

西双版纳

西双版纳

西双版纳

西双版纳

云南 | 石林

云南 | 石林

云南 | 石林

云南 | 石林

云南｜石林

丽江｜束河古镇

丽江｜木府

丽江

丽江

丽江

昆明｜云南民族村

昆明｜云南民族村

昆明｜云南民族村

昆明 | 云南民族村

昆明 | 云南民族村

昆明 | 世界园艺博览会

昆明 | 世界园艺博览会

昆明 | 世界园艺博览会

昆明 | 世界园艺博览会

昆明 | 聂耳墓

云南 | 德宏傣族景颇族自治州

大理 | 古城

大理｜古城

大理｜古城

大理｜崇圣寺三塔

大理｜崇圣寺三塔

大理｜崇圣寺三塔

大理｜崇圣寺三塔

大理｜崇圣寺三塔

大理｜崇圣寺三塔

大理

乌鲁木齐

新疆｜乌尔禾魔鬼城

吐鲁番｜葡萄沟

吐鲁番｜葡萄沟

吐鲁番｜葡萄沟

吐鲁番｜葡萄沟

吐鲁番｜葡萄沟

吐鲁番

新疆｜天山天池

新疆 | 天山天池

新疆 | 喀纳斯湖

新疆 | 喀纳斯湖

新疆 | 喀纳斯湖

新疆 | 布尔津五彩滩

新疆 | 布尔津

新疆 | 布尔津

香港 | 星光大道

香港 | 星光大道

香港 | 维多利亚公园

香港 | 铜锣湾

香港 | 太平山

香港 | 香港岛

香港 | 黄大仙

香港 | 九龙半岛

香港 | 九龙半岛

香港 | 尖沙咀

香港 | 黄大仙

香港 | 黄大仙

香港 | 海洋公园

香港 | 海洋公园

香港 | 海洋公园

香港 | 尖沙咀

香港 | 海洋公园

香港 | 迪士尼乐园

香港 | 迪士尼乐园

香港 | 迪士尼乐园

香港｜迪士尼乐园

香港｜迪士尼乐园

香港｜迪士尼乐园

香港｜迪士尼乐园

香港｜迪士尼乐园

香港

香港

香港

香港

香港

香港

香港

香港

香港

香港

香港

香港

香港

香港

香港

香港

天津 | 银河公园

天津 | 海河文化广场

天津

天津

天津

苏州 | 旺山

四川｜昭化古城

四川｜昭化古城

四川｜昭化古城

西昌

西昌

四川｜青城山

四川｜青城山

四川｜青城山

四川｜青城山

四川 | 青城山

四川 | 青城山

四川 | 青城山

四川 | 平乐古镇

绵阳 | 富乐山公园

绵阳

四川 | 乐山

四川 | 乐山

四川 | 乐山

四川│乐山

四川│乐山

四川│阆中古城

四川│阆中古城

四川│街子古镇

四川│街子古镇

四川│街子古镇

四川│剑门关

四川│剑门关

四川 | 广元

四川 | 峨眉山

四川 | 峨眉山

四川 | 峨眉山

四川 | 峨眉山

四川 | 峨眉山

都江堰

都江堰

都江堰

都江堰

都江堰

都江堰

四川 | 大邑建川博物馆

四川 | 大邑建川博物馆

四川 | 大邑建川博物馆

四川 | 大邑古镇

四川 | 大邑古镇

四川 | 大邑古镇

四川｜大邑古镇

成都｜武侯祠

成都｜武侯祠

成都｜武侯祠

成都｜文殊院

成都｜四川博物院

成都｜四川博物院

成都｜四川博物院

成都｜锦里古街

成都｜锦里古街

成都｜金沙遗址公园

成都｜金沙遗址公园

成都｜杜甫草堂

成都｜杜甫草堂

成都｜地铁站

成都

成都

成都

成都

北川｜新县城

北川｜新县城

沈阳

上海｜豫园

上海｜世博园

上海｜世博园

上海｜世博园

上海｜世博园

上海｜世博园

上海｜世博园

上海｜世博园

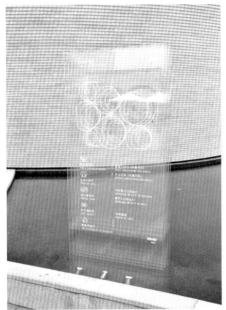

上海｜世博园

上海｜世博园

上海｜世博园

上海｜世博园

上海｜世博园

上海｜世博园

上海 | 世博园

上海 | 世博园

上海 | 世博园

上海 | 世博园

上海 | 世博园

上海 | 世博园

上海 | 世博园

上海 | 世博园

上海 | 世博园

上海 | 世博园

上海 | 世博园

上海 | 世博园

上海 | 世博园

上海 | 世博园

上海 | 世博园

上海 | 世博园

上海 | 世博园

上海 | 世博园

上海｜世博园

上海｜世博园

上海｜世博园

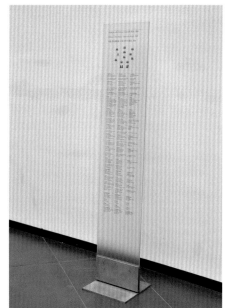

上海｜世博园

上海｜世博园

上海｜世博园

上海｜浦东中心绿地

上海｜浦东世纪公园

上海｜浦东金茂大厦

上海 | 浦东金茂大厦

上海 | 浦东金茂大厦

上海 | 浦东

上海 | 浦东

上海 | 浦东

上海 | 浦东

上海 | 浦东

上海 | 浦东

上海 | 浦东

上海 | 浦东

上海 | 南京路步行街

上海 | 科技馆

上海 | 科技馆

上海 | 科技馆

上海 | 火车南站

上海 | 火车南站

上海 | 火车南站

上海 | 黄浦

上海│黄浦

上海│黄浦

上海│黄浦

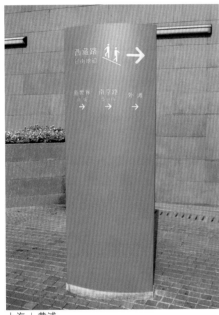

上海│黄浦

上海

上海

上海

上海

上海

上海

上海

上海

上海

上海

上海

上海

上海

西安 | 秦始皇陵

西安｜秦始皇陵

西安｜机场

西安｜机场

西安｜寒窑

西安｜寒窑

西安｜寒窑

西安｜寒窑

西安｜寒窑

西安｜寒窑

西安｜寒窑

西安｜大雁塔

西安｜大唐芙蓉园

西安｜大唐芙蓉园

西安｜大唐芙蓉园

西安｜大唐芙蓉园

西安｜大唐芙蓉园

西安｜大唐芙蓉园

西安｜大唐芙蓉园

西安 | 大唐芙蓉园

西安 | 大明宫遗址公园

西安 | 大明宫遗址公园

西安 | 大明宫遗址公园

西安 | 大明宫遗址公园

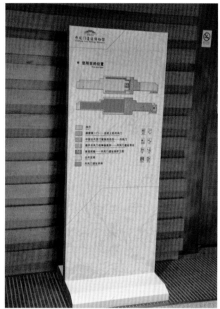

西安 | 大明宫遗址公园

西安 | 大明宫遗址公园

西安 | 博物馆

西安 | 博物馆

西安｜博物馆

西安｜兵马俑景区

西安｜碑林

西安

西安

西安

西安

西安

西安

西安

西安

西安

西安

西安

西安

西安

西安

西安

西安

西安

西安

西安

陕西｜华山

山西｜阳城皇城相府

山西｜阳城皇城相府

山西｜阳城皇城相府

山西｜阳城皇城相府

山西｜阳城皇城相府

山西｜阳城皇城相府

山西｜阳城皇城相府

山西｜五台山南山寺

山西｜五台山

山西｜五台山

山西｜五台山

山西｜万荣李家大院

太原

太原

太原

山西｜沁水柳氏民居

山西｜洪洞大槐树

山西｜大同

山东｜淄博

山东｜淄博

烟台

山东｜曲阜

烟台

烟台

烟台

烟台

威海｜海滨公园

威海｜海滨公园

威海｜国际展览中心

青岛｜汇泉广场

山东｜栖霞

蓬莱

蓬莱

蓬莱

蓬莱

蓬莱

济南

济南

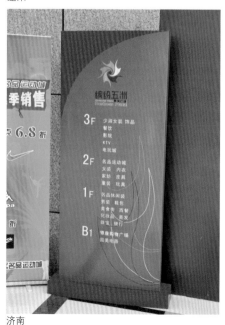

济南

济南

济南

济南

济南

济南

济南

济南

济南

山东｜滨州魏氏庄园

青海｜西宁塔尔寺

青海丨西宁塔尔寺

青海丨西宁马步芳公馆

青海丨西宁

青海丨西宁

青海丨西宁

银川丨镇北堡

呼和浩特丨清固伦恪靖公主府

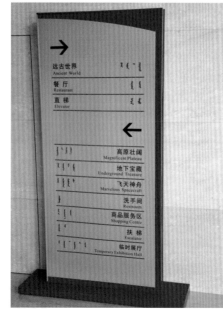

呼和浩特

呼和浩特

呼和浩特

呼和浩特

呼和浩特

呼和浩特

呼和浩特

鄂尔多斯

营口│鲅鱼圈殡仪馆

营口│鲅鱼圈

营口│鲅鱼圈

营口 | 鲅鱼圈

营口 | 鲅鱼圈

营口 | 鲅鱼圈

营口

沈阳 | 世博园

沈阳 | 世博园

沈阳 | 清昭陵

沈阳 | 世博园

沈阳 | 世博园

沈阳｜辽宁大剧院

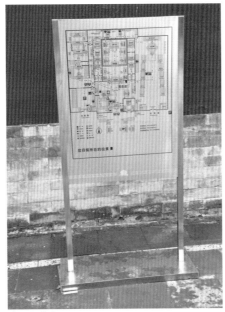

沈阳｜故宫

沈阳｜故宫

沈阳｜东中街

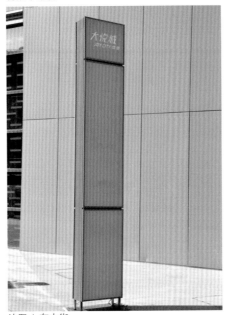

沈阳｜东中街

沈阳｜大帅府

沈阳｜大帅府

沈阳｜大帅府

沈阳｜北陵公园

沈阳

沈阳

沈阳

沈阳

沈阳

沈阳

大连｜星海广场

大连｜小平岛

大连｜小平岛

大连｜小平岛

大连｜时代广场

大连｜开发区

大连｜开发区

大连｜开发区

大连｜金州新区

大连｜金州新区

大连｜金州新区

大连｜金州新区

大连｜金州新区

大连｜金石滩海滨浴场

大连｜金石滩海滨浴场

大连｜金石滩

大连｜金石滩

大连

大连｜虎滩乐园

大连｜闯关东影视城

大连｜高新园区

大连 | 发现王国

大连 | 高新园区

大连 | 发现王国

大连 | 东软软件园

大连 | 滨海路风景区

大连 | 保税区汽车城

大连 | 百年城商城

大连 | 百年城商城

大连

大连

大连

大连

大连

大连

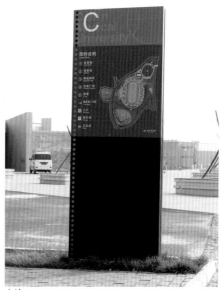

大连

大连

大连

大连

大连

大连

大连

江西｜三清山

江西｜三清山

江西｜三清山

南昌｜八大山人纪念馆景区

江西｜庐山

江西｜庐山

江西 | 庐山

江苏 | 周庄

扬州 | 火车站

扬州

无锡 | 太湖广场

无锡 | 蠡湖公园

无锡 | 蠡湖公园

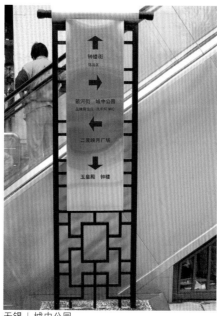

无锡 | 城中公园

江苏 | 同里

江苏 | 同里

江苏 | 同里

江苏 | 同里

苏州 | 留园

苏州

苏州

苏州 | 观前步行街

苏州 | 湖滨公园

苏州 | 工业园区

苏州｜工业园区

苏州｜高新区

南京｜总统府

南京｜总统府

南京｜中山陵

南京｜中山陵

南京｜瞻园

南京｜雨花台

南京｜雨花台

南京｜雨花台

南京｜雨花台

南京｜雨花台

南京｜火车站

南京

南京

长春｜长影世纪城

江苏｜常州恐龙乐园

南京

南京

南京

南京

江苏 | 昆山图书馆

江苏 | 昆山

江苏 | 常州恐龙乐园

长春 | 长影世纪城

长春 | 长影世纪城

长春 | 长影世纪城

浙江 | 江山廿八都古镇

辽宁 | 兴城

抚顺 | 战犯管理所

鞍山 | 玉佛苑

江苏 | 常州淹城旅游区

福建 | 连城培田古村

北京 | 中国古代建筑博物馆

北京 | 798艺术区

长春 | 伪满皇宫

长春 | 伪满皇宫

长春 | 伪满皇宫

湖南 | 张家界

武汉 | 黄鹤楼

河北 | 易县清西陵

长春

张家界 | 天门山

张家界

武汉｜黄鹤楼

武汉｜汉口江滩

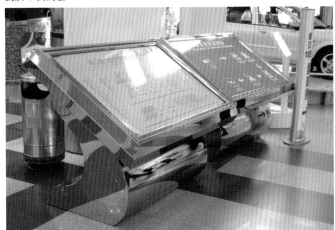

海口｜美兰国际机场

哈尔滨｜太阳岛公园

哈尔滨｜太阳岛公园

河南｜巩义康百万庄园

河南｜登封少林寺

河南｜安阳文字博物馆

贵州｜西江千户苗寨

贵州｜西江千户苗寨

广西｜湛江北海公园

广西｜梧州

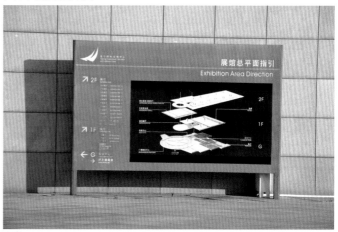

南宁

珠海

深圳

深圳

广东 | 肇庆

深圳 | 世界之窗

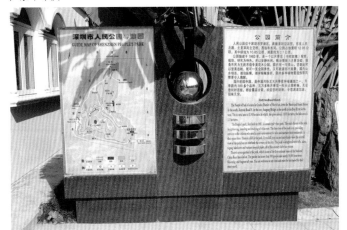

深圳

深圳

广州 | 陈家祠

广州

广州

深圳

广州 | 陈家祠

广州

敦煌 | 鸣沙山

厦门 | 鼓浪屿

福建 | 武夷山

福建 | 武夷山

厦门 | 国际会展中心

福州｜三坊七巷

北京｜中关村

北京｜王府井

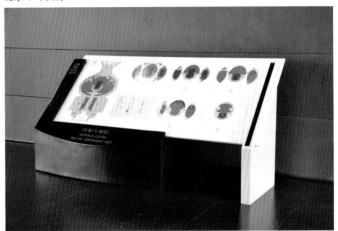

北京｜国家大剧院

北京｜恭王府

北京｜北海公园

北京｜北海公园

北京｜北海公园

北京

北京

北京

北京

北京

北京

北京

北京

北京

北京

北京

北京

北京

北京

北京

北京

杭州

杭州｜九溪景区

西双版纳

云南｜石林

丽江｜束河古镇

丽江

昆明｜云南民族村

大理｜崇圣寺三塔

喀纳斯湖

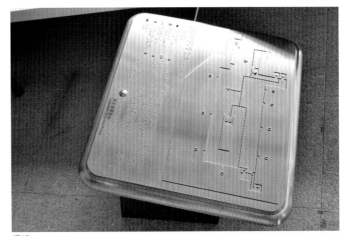

香港

香港 | 尖沙咀

香港

香港

香港

西安 | 大唐芙蓉园

西安 | 大唐芙蓉园

西安 | 秦始皇陵

西安 | 兵马俑景区

四川 | 昭化古城

四川 | 西昌

四川 | 青城山

四川 | 青城山

四川 | 乐山

四川 | 阆中古城

四川｜剑门关

四川｜广元

四川｜峨眉山

都江堰

都江堰

都江堰

都江堰

四川｜博物院

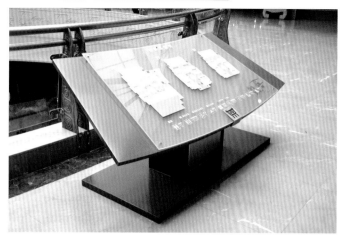

四川│博物院

成都│青羊宫

成都│金沙遗址公园

上海│世博园

上海│世博园

上海│世博园

上海│世博园

上海│浦东中心绿地

上海｜火车南站

上海｜火车南站

上海

延安

延安

西安｜大唐芙蓉园

西安｜大明宫遗址公园

西安｜兵马俑景区

西安

西安

西安

西安

西安

西安

西安

西安

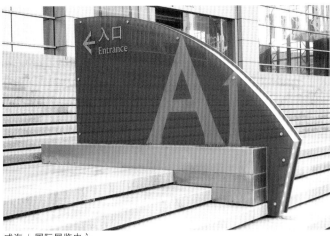

威海 | 国际展览中心

威海 | 国际展览中心

山西 | 五台山

山西 | 万荣李家大院

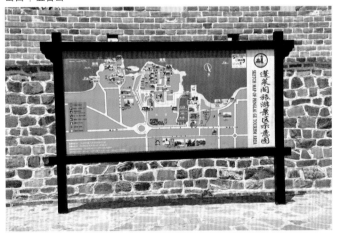

蓬莱

蓬莱

蓬莱

济南

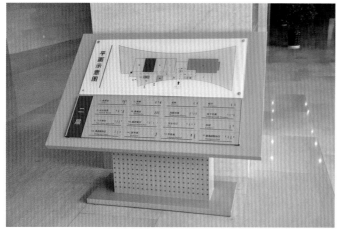

呼和浩特

青岛

青岛 | 汇泉广场

太原

山西 | 晋祠

烟台 | 滨海广场

烟台

山东 | 栖霞牟氏庄园

青岛

大连 | 开发区大洋船舶

蓬莱

沈阳 | 鲁迅美术学院

沈阳 | 北陵公园

沈阳 | 北陵公园

敦煌 | 鸣沙山

安徽 | 亳州博物馆

大连｜虎滩乐园

江西｜庐山

江西｜安义古村

扬州

江苏｜无锡蠡湖公园

江苏｜同里

江苏｜同里

江苏｜常州淹城旅游区

西安

西安

西安

太原

山西 | 平遥古城

淄博 | 周村

淄博

青岛

青岛

厦门

厦门｜鼓浪屿

西宁

西宁

西宁

西宁

呼和浩特

呼和浩特

呼和浩特

营口｜鲅鱼圈

营口｜鲅鱼圈

营口｜鲅鱼圈

沈阳｜鲁迅美术学院

沈阳｜辽宁省博物馆

沈阳

沈阳

大连

大连

大连│保税区汽车城

大连│保税区汽车城

大连│保税区汽车城

大连│保税区汽车城

大连│保税区汽车城

大连│保税区汽车城

大连│金州新区

大连│保税区汽车城

大连│保税区汽车城

大连 | 保税区汽车城

大连 | 保税区汽车城

大连 | 保税区汽车城

大连 | 奥林匹克广场

南昌 | 八大山人纪念馆景区

南昌

江西 | 安义古村

苏州 | 高新区

南京

南京

长春

松原 | 查干湖

松原 | 查干湖

吉林

吉林

吉林

吉林

哈尔滨 | 太阳岛公园

上海

上海

上海

西安

威海│海滨公园

青岛

青岛

青岛

厦门｜街区

厦门｜国际会展中心

厦门｜鼓浪屿

银川｜西夏王陵

沈阳｜世博园

沈阳｜辽宁大剧院

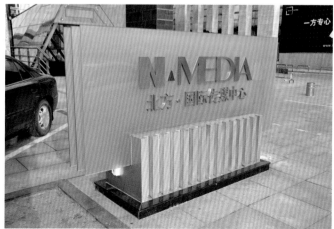

沈阳

大连｜星海广场

大连｜开发区

大连｜开发区

大连｜金石滩

大连｜金石滩

大连

大连

大连

大连

苏州｜工业园区

江苏｜昆山

江苏｜昆山

江苏｜昆山

江苏｜昆山

江苏｜常州恐龙乐园

长春

哈尔滨

石家庄

河北｜易县清西陵

贵州｜西江千户苗寨

深圳

深圳

广东｜江门

东莞

厦门

福州 │ 闽江公园

北京

北京

北京

北京 │ 中华世纪坛

北京

北京

北京

北京

北京

北京

北京

大连

北京

澳门│博物馆

香港│太平山

北京

澳门 | 永利娱乐

杭州 | 西湖风景区

绍兴

宁波 | 美术馆

杭州 | 南山路

杭州 | 南山路

杭州 | 南山路

杭州│南山路

烟台

杭州

昆明│世界园艺博览会

香港

乌鲁木齐

乌鲁木齐

苏州│旺山

城市景观细部元素**2000**例
城市新标识

展示标识

　　展示标识也是告示性标识，具有较强的解读性，设计时要尽可能地采用国际和国内通用的标准；结合中英文对照文字，来传达要表达的信息，使不同国籍和使用不同语言的人们都能识别。

　　展示标识的设计，除了要结合需要表达的内容之外，还要在造型、颜色、文字搭配、图案选用以及国际和国家标准的使用上精心选择。所有标识的设计，都不要全盘模仿，要有独特的设计，尽最大可能采用新材料和新工艺。设计必须服从城市整体规划和所设置区域的特点，分门别类地设计。进行设计时，无论在造型上，还是在功能上，都要形成一个小环境的标准和统一，不要东家的好看选一个，西家的好看搬一个，这样选的都是好的，但放在一起未必合适。一个地区或区域所安置的标识，也直接反映了这个区域的实际经营和管理水平。这些标识在设置时一定要按规划位置和方向安装，才能真正起到展示和介绍的作用，也同时要和其他已有的如花坛、草地、树木、建筑物一起组成新景观。有些标识的设计安装还要考虑到汽车上观察和行人查看的方便以及安全等。

景德镇

苏州｜观前步行街

南京｜中山陵

南京｜雨花台雨花石文化区

南京

长春｜伪满皇宫

哈尔滨

洛阳│龙门石窟

黑龙江│山河屯林业局

南京│夫子庙

河南│安阳

南宁

河南│巩义康百万庄园

贵州│西江千户苗寨

珠海

深圳

广州｜烈士陵园

广州｜人民公园

长春｜长影世纪城

广州

厦门｜白鹭洲公园

厦门｜白鹭洲公园

福建｜武夷山

广州｜人民公园

福州｜三坊七巷

广东｜肇庆

福州

延庆

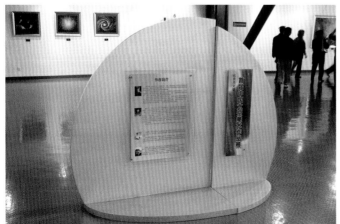

北京｜天文馆

北京｜国家大剧院

北京｜国家大剧院

北京｜故宫

北京｜故宫

北京｜恭王府

北京｜恭王府

北京｜北海公园

北京｜北海公园

北京

北京│北海公园

北京

北京

北京

北京

大连│轻轨车站

大连│虎滩乐园

大连│发现王国

大连

江西│三清山

北京

北京

北京

北京

澳门

合肥│徽园

杭州｜御街

浙江｜衢州烂柯山

沈阳｜鲁迅美术学院

杭州｜清河坊步行街

杭州｜八卦田

杭州

杭州｜西湖风景区

云南｜石林

西双版纳

昆明｜云南民族村

昆明｜世界园艺博览会

杭州

大理｜崇圣寺三塔

吐鲁番

大理｜崇圣寺三塔

新疆｜喀纳斯湖

新疆 ｜ 喀纳斯湖

新疆 ｜ 喀纳斯湖

新疆 ｜ 喀纳斯湖

西藏 ｜ 林芝南伊沟

新疆 ｜ 喀纳斯湖

新疆 ｜ 喀纳斯湖

新疆 ｜ 喀纳斯湖

新疆 ｜ 布尔津五彩滩

香港

香港

香港｜钵兰街

西安｜大唐芙蓉园

西安｜大唐芙蓉园

西安｜秦始皇陵

西安｜大雁塔

西昌

西安｜秦始皇陵

苏州｜工业园区

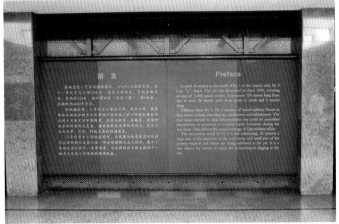

西安｜兵马俑景区

四川｜青城山

四川｜青城山

四川｜阆中古城

四川｜青城山

四川｜大邑刘氏庄园

成都 | 武侯祠

成都 | 金沙遗址公园

成都 | 金沙遗址公园

上海 | 浦东

成都

成都 | 机场

成都 | 金沙遗址公园

上海 | 黄浦

西安 | 机场

西安

西安

西安

西安

西安

西安

西安

西安

西安

西安

西安

西安

西安

山西│洪洞大槐树

山西│洪洞大槐树

烟台

青岛｜汇泉广场

青岛

蓬莱

蓬莱

青海｜西宁塔尔寺

沈阳｜世博园

沈阳｜东中街

南昌 | 八大山人纪念馆景区

江苏 | 周庄

江苏 | 周庄

扬州

无锡 | 蠡湖公园

无锡 | 蠡湖

无锡 | 蠡湖

江苏 | 同里

江苏 | 同里

苏州│观前步行街

苏州│西园

苏州│观前步行街

苏州│工业园区湖滨公园

苏州│工业园区湖滨公园

苏州│工业园区湖滨公园

苏州│工业园区湖滨公园

苏州│工业园区湖滨公园

苏州│工业园区

苏州 | 工业园区

苏州 | 工业园区

苏州 | 工业园区

苏州 | 工业园区

南京 | 总统府

南京 | 总统府

南京 | 中山陵

南京 | 瞻园

南京 | 雨花台雨花石文化区

南京｜雨花台雨花石文化区

南京｜夫子庙

南京｜夫子庙

南京｜夫子庙

南京

南京

南京

南京

江苏｜昆山市

江苏｜常州恐龙乐园

江苏｜常州恐龙乐园

江苏｜常州恐龙乐园

江苏｜常州

长春｜长影世纪城

长春｜长影世纪城

长春｜长影世纪城

长春｜伪满皇宫

长春｜伪满皇宫

长春｜伪满皇宫

长春

松原｜查干湖

吉林

吉林

吉林

吉林

吉林

吉林

长沙│岳麓山公园

长沙│岳麓山公园

长沙│岳麓山公园

长沙│橘子洲

长沙│橘子洲

长沙│橘子洲

长沙

张家界

武汉

武汉

黑龙江｜山河屯林业局

黑龙江｜山河屯林业局

哈尔滨｜中央大街

哈尔滨｜太阳岛公园

哈尔滨｜太阳岛公园

哈尔滨｜太阳岛公园

哈尔滨｜太阳岛公园

哈尔滨

洛阳

河南｜登封少林寺

河南｜登封少林寺

石家庄

石家庄

石家庄

石家庄

石家庄

石家庄

三亚│大小洞天景区

三亚│大小洞天景区

三亚

贵州│黄果树天星桥景区

贵阳

贵阳

贵阳

贵阳

贵阳

贵阳

南宁

珠海

珠海

深圳│世界之窗

深圳│世界之窗

深圳│世界之窗

深圳│世界之窗

深圳│世界之窗

深圳｜宝安机场

深圳

深圳

深圳｜世界之窗

深圳

深圳

深圳

深圳

深圳

深圳

深圳

广州｜越秀公园

广州

广州

广州

广州

敦煌

福建｜永定土楼

厦门│鼓浪屿

厦门

厦门

北京│中关村

北京│长安街

北京│长安街

北京│长安街

北京│颐和园

北京│军事博物馆

北京 | 国家大剧院

北京 | 国家大剧院

北京 | 国家大剧院

北京 | 国家大剧院

北京 | 国奥村

北京 | 郭沫若故居

北京 | 故宫

北京 | 北海公园

北京 | 北海公园

北京

北京

北京

北京

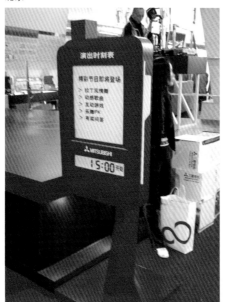

北京

北京

北京

北京

北京

北京

北京

北京

北京

北京

北京

北京

北京

北京

澳门│永利娱乐

澳门

澳门

澳门

澳门

安徽│棠樾牌坊

安徽│省博物馆

合肥│逍遥津公园

合肥│包公祠

合肥│包公祠

珠海

重庆│磁器口古镇

重庆

浙江│西塘

绍兴│鲁迅故居

绍兴│鲁迅故居

绍兴│鲁迅故居

杭州│西湖

杭州│西湖

杭州│八卦田

杭州

杭州│御街

杭州│西湖风景区

杭州│南山路

杭州│灵隐寺

杭州│九溪景区

杭州

杭州

杭州

西双版纳

西双版纳

西双版纳

西双版纳

西双版纳

西双版纳

西双版纳

西双版纳

西双版纳

西双版纳

丽江│束河古镇

丽江│古城

丽江│古城

丽江

丽江

丽江

丽江

丽江

昆明 | 云南民族村

昆明 | 云南民族村

昆明 | 云南民族村

昆明 | 云南民族村

昆明 | 云南民族村

昆明 | 世界园艺博览会

昆明

昆明

大理｜古城

大理｜古城

大理｜古城

大理｜古城

大理｜古城

大理｜古城

大理｜崇圣寺三塔

乌鲁木齐

乌鲁木齐

吐鲁番｜葡萄沟

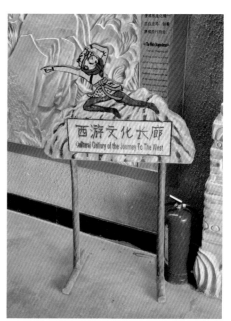

吐鲁番｜火焰山

新疆｜天山天池福寿观

新疆｜天山天池福寿观

新疆｜天山天池福寿观

新疆｜天山天池

新疆｜天山天池

香港｜星光大道

香港｜香港岛

香港｜香港岛

香港｜九龙半岛

香港｜尖沙咀

香港｜尖沙咀

香港｜尖沙咀

香港｜尖沙咀

香港｜尖沙咀

香港｜黄大仙

香港｜黄大仙

香港｜迪士尼乐园

香港

香港

香港

香港

西安｜大唐芙蓉园

西安｜大唐芙蓉园

西安｜秦始皇陵

西安│兵马俑景区

天津│石家大院

四川│昭化古城

四川│昭化古城

西昌

西昌

四川│青城山

四川│青城山

四川│青城山

绵阳｜富乐山公园

四川｜阆中古城

四川｜阆中古城

四川｜阆中古城

四川｜阆中古城

四川｜阆中古城

四川｜剑门关

四川｜峨眉山

都江堰

都江堰

上海｜徐家汇公园

都江堰

都江堰

四川｜大邑建川博物馆

成都｜武侯祠

成都｜武侯祠

成都｜四川博物院

成都｜青羊宫

成都｜锦里古街

成都｜锦里古街

成都｜锦里古街

成都｜锦里古街

成都｜锦里古街

成都｜金沙遗址公园

成都｜杜甫草堂

成都

成都

上海│世博园

上海│世博园

上海│世博园

上海│世博园

上海│世博园

上海│世博园

上海│世博园

上海│世博园

上海│世博园

上海│世博园

上海│世博园

上海│世博园

上海│世博园

上海│世博园

上海

上海

上海

上海

上海

上海

四川

西安｜机场

西安｜寒窑

西安｜寒窑

西安｜大唐芙蓉园

西安｜大唐芙蓉园

西安｜大明宫遗址公园

西安

西安

西安

西安

西安

西安

西安

西安

西安

西安

西安

西安

西安

西安

西安

西安

西安

西安

西安

山西 | 阳城皇城相府

山西 | 阳城皇城相府

山西 | 阳城皇城相府

山西 | 阳城皇城相府

烟台

烟台

山东 | 曲阜

山东 | 曲阜

蓬莱

蓬莱

济南

山东｜滨州魏氏庄园

青海｜西宁塔尔寺

青海｜西宁

青海｜西宁

青海｜西宁

青海｜西宁

银川

银川

呼和浩特 │ 清固伦恪靖公主府

呼和浩特 │ 清固伦恪靖公主府

呼和浩特

鄂尔多斯

营口 │ 鲅鱼圈

沈阳 │ 世博园

沈阳 │ 鲁迅美术学院

沈阳｜故宫

沈阳｜东中街

沈阳｜东中街

沈阳｜东中街

沈阳｜东中街

沈阳｜东中街

沈阳｜大帅府

沈阳｜大帅府

沈阳

香港｜星光大道

香港｜香港岛

香港｜太平山

香港｜九龙半岛

香港｜九龙半岛

香港｜九龙半岛

香港｜会议展览中心

香港｜会议展览中心

香港｜海洋公园

香港│迪士尼乐园

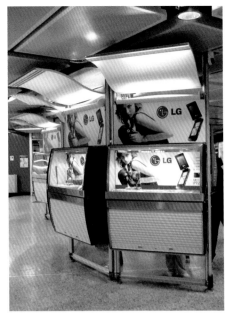

香港│九龙半岛街区景观

香港│九龙半岛街区景观

香港│海洋公园

香港│钵兰街

香港│香港岛

苏州│湖滨公园

大连

上海│浦东金茂大厦

上海｜浦东金茂大厦

上海｜浦东

上海｜浦东

上海｜浦东

上海｜黄浦

上海｜黄浦

上海｜黄浦

上海｜黄浦

上海

上海

上海

威海│海滨公园

威海│国际展览中心

青岛│汇泉广场

青岛

青岛

济南

沈阳│世博园

沈阳｜世博园

沈阳｜世博园

沈阳｜世博园

沈阳｜世博园

沈阳

沈阳

沈阳

沈阳

沈阳

沈阳

沈阳

沈阳

沈阳

沈阳

沈阳

沈阳

沈阳

大连｜星海广场

大连│星海广场

大连│小平岛

大连│旅顺蓝湾

大连│旅顺博物馆

大连│开发区

大连│开发区

大连│金石滩

大连│金石滩

大连│和平广场

大连 ｜ 发现王国

大连 ｜ 发现王国

大连

大连

大连

大连

大连

大连

大连

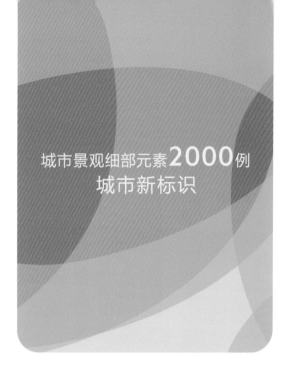

城市景观细部元素**2000**例
城市新标识

停车场标识

　　汽车在人们日常生活中扮演的角色越来越重要，停车场也就随着汽车技术的不断发展应运而生。停车场标识的出现，就是基于这样一个背景。它被用来指示停车场所在的位置，看起来功能很单一，但是其重要性却不容忽视。停车场标识的存在，一定程度上减少了人们寻找停车位的时间，也就减缓了城市交通的压力。

　　可以说从有停车场的那天起，就有了停车场标识。随着停车场越来越多，停车场标识也就越来越多，其设计理念及制作工艺也就越来越成熟。在人们的印象中，停车场标识似乎就是一个圆圆的牌子，上面写着一个"P"。其实这样的牌子，如今几乎已经不存在了，停车场标识在外观上已经发生了很大的转变。城市的整体风格，周边建筑的风格等等因素，决定着停车场标识的外观，有的很现代，有的很复古，有的色彩艳丽，有的朴实无华。在制作材料上，也都不尽相同。新材料的应用，使得这类标识更加耐用，更加美观，也更加醒目，带给人们的提示效果也就更加明显。

云南｜石林

烟台｜滨海广场

乌鲁木齐

香港｜铜锣湾

香港｜铜锣湾

四川｜青城山

四川 | 平乐古镇

成都

北川 | 新县城

延安

西安 | 博物馆

西安

西安

西安

西安

山西｜阳城皇城相府

烟台

威海｜国际展览中心

滨州｜魏氏庄园

青海｜西宁

青海｜西宁

青海｜西宁

呼和浩特

大连｜小平岛

沈阳 | 东中街

沈阳 | 东中街

沈阳

大连 | 中山区

大连 | 中山区

大连 | 中山区

大连 | 世嘉星海

大连 | 沙河口

大连 | 金州新区

大连 | 滨海路风景区

大连

大连

大连

扬州 | 火车站

江苏 | 同里

苏州 | 沧浪亭

苏州 | 工业园区

苏州 | 工业园区

苏州 | 工业园区

苏州 | 高新区

南京 | 国际展览中心

长沙 | 岳麓山公园

深圳

深圳

深圳

深圳

石家庄

深圳

广州｜国际会展中心

广州

广州

广州

广州

广州

广州

大连

北京 | 刘老根大舞台

北京

北京

北京

北京

北京

北京

北京

北京

北京

北京

北京

北京

澳门

安徽｜省博物馆

合肥

合肥

杭州

大连｜开发区

大连｜开发区

大连

海口

重庆｜园博园

重庆｜华岩寺

大连｜金石滩

重庆

江苏｜常州动漫游戏主题公园

城市景观细部元素**2000**例
城市新标识

3D标识

　　近年来，3D的概念已经逐渐走进大众的日常生活中，"3D"是英文"Three Dimensions"的简称，翻译成中文就是三个维度，简单地说就是立体的意思。3D技术在电影上的应用，让人们感受到了强烈的视觉冲击，在城市新标识设计领域，也在逐渐兴起。

　　这类标识已经不再是传统的平面标识，它将信息内容直接用各种材料——金属、石材、木材、树脂、有机玻璃等制作成各种样式的形状或文字，展示给人们。这类标识的体积往往比较大或样式特殊，更容易引起人们的注意，从而更好地发挥传播信息的作用。3D标识在设计上，有的抽象，有的直接，色彩的运用上也较其他标识更加丰富。由于人眼看到的世界都是立体的，所以3D标识更贴近我们的生活，带给我们的感觉也更直观，印象也更深刻。

　　随着电脑技术的发展，3D标识的成本也就越来越低，这为设计和制作带来了革命性的改变，3D标识也必将成为一个趋势，在未来的城市景观中占有重要的地位，也会给城市的形象添加浓墨重彩的一笔。

大连｜虎滩乐园

大连｜虎滩乐园

大连｜虎滩乐园

南京

大连｜百年商城

大连｜滨海路风景区

无锡｜城中公园

江苏｜常州恐龙乐园

无锡｜城中公园

吉林

江苏｜常州恐龙乐园

南宁

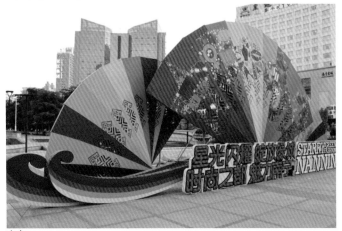

南宁

南宁

三亚｜亚龙湾景区

深圳

北京｜国家大剧院

北京

北京｜奥林匹克公园

北京

大连｜会展中心

北京

北京

北京

澳门

北京

北京

杭州│西湖

丽江

香港│海洋公园

四川｜青城山

成都｜金沙遗址公园

沈阳｜世博园

上海｜世博园

上海｜世博园

上海｜世博园

上海｜世博园

上海｜世博园

上海｜黄浦

西安｜秦始皇陵

上海｜黄浦

西安｜大明宫遗址公园

西安

西安

西安｜大明宫遗址公园

淄博

西安

青岛

营口｜鲅鱼圈

营口｜鲅鱼圈

沈阳｜世博园

丹东

沈阳｜东陵公园

大连｜旅顺

大连│开发区

沈阳

大连│开发区

大连│旅顺博物馆

沈阳│东中街

大连

鄂尔多斯

沈阳│鲁迅美术学院

大连｜虎滩乐园

大连｜虎滩乐园

大连｜和平广场

大连｜和平广场

大连｜虎滩乐园

大连｜虎滩乐园

大连｜虎滩乐园

大连｜星海公园

大连｜虎滩乐园

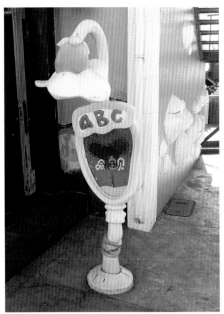

大连｜虎滩乐园

大连｜虎滩乐园

大连｜虎滩乐园

大连｜创意岛

大连｜创意岛

大连｜创意岛

大连｜百年商城

大连

江苏｜周庄

无锡│城中公园

南京

江苏│常州恐龙乐园

江苏│常州恐龙乐园

长春│长影世纪城

哈尔滨│中央大街

哈尔滨│中央大街

哈尔滨│太阳岛公园

哈尔滨│太阳岛公园

哈尔滨│太阳岛公园

三亚│大小洞天景区

深圳

深圳

广州

敦煌

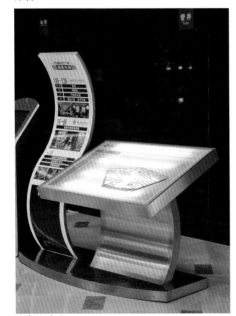

广东│中山

敦煌

敦煌

敦煌

福建｜泉州东湖公园

北京｜师范学院

北京

宁波｜美术馆

宁波｜老外滩景区

昆明｜世界园艺博览会

昆明｜世界园艺博览会

昆明

大理

新疆｜乌尔禾魔鬼城

香港｜星光大道

香港｜维多利亚公园

香港｜太平山

香港｜海洋公园

香港｜海洋公园

香港｜海洋公园

西昌

四川｜攀枝花

四川｜乐山

成都｜锦里古街

上海｜世博园

上海｜世博园

上海｜世博园

上海

上海

西安｜大唐芙蓉园